PREGUNTAS Y RESPUESTAS

EL SOL,
LAS ESTRELLAS
Y LOS PLANETAS

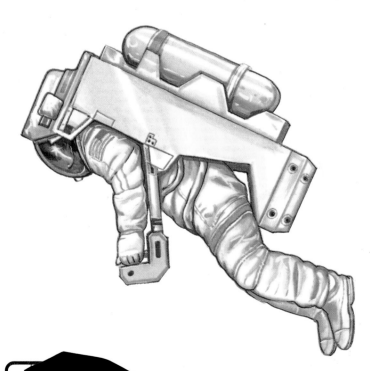

EDITORIAL EVEREST, S. A.

...RCELONA • SEVILLA • GRANADA • VALENCIA
...ALMAS DE GRAN CANARIA • LA CORUÑA
...A • ALICANTE – MEXICO • BUENOS AIRES

Título original
TELL ME ABOUT — Sun, Stars & Planets
Coordinador de la enciclopedia
Jackie Gaff
Traducción y realización
Luis Ogg, Susana Constante y Alejo Torres

© Grisewood & Dempsey Ltd 1990 y
© EDITORIAL EVEREST, S. A.
Carretera León-La Coruña, km 5 - LEÓN
ISBN: 84-241-2060-4 (Obra completa)
ISBN: 84-241-2090-6 (Tomo X)
Depósito legal: LE. 12-1993
Printed in Spain - Impreso en España

EDITORIAL EVERGRÁFICAS, S. A.
Carretera León-La Coruña, km 5
LEÓN (España)

Contenido

¿Cómo es el Sol?

El Sol es una estrella, una de las miles de millones que hay en el espacio. Es como una central de energía gigante: una bola ardiente de gases calientes que produce gran cantidad de energía que fluye hacia el espacio en olas de luz y calor. Esta energía es esencial para la vida en la Tierra. Sin ella, nuestro planeta sería demasiado frío y oscuro para que pudieran vivir en él plantas y animales.

NUNCA MIRES EL SOL

El Sol es demasiado brillante para tus ojos. Nunca lo mires directamente, ni siquiera con gafas de sol. Sus rayos son tan fuertes que pueden lesionarte los ojos o incluso cegarte.

HECHOS SOBRE EL SOL

- El Sol está a unos 150 millones de km de la Tierra.

- Tiene unos 4600 millones de años.

- Gira sobre su eje una vez cada 27,4 días.

- Es una estrella mediana. Algunas estrellas son miles de veces más bril

Alrededor del Sol hay una capa de gas llamada cromosfera. Se extiende unos 10000 km en el espacio.

Penachos de gas caliente llamados protuberancias se disparan a cientos de miles de kilómet
espacio A

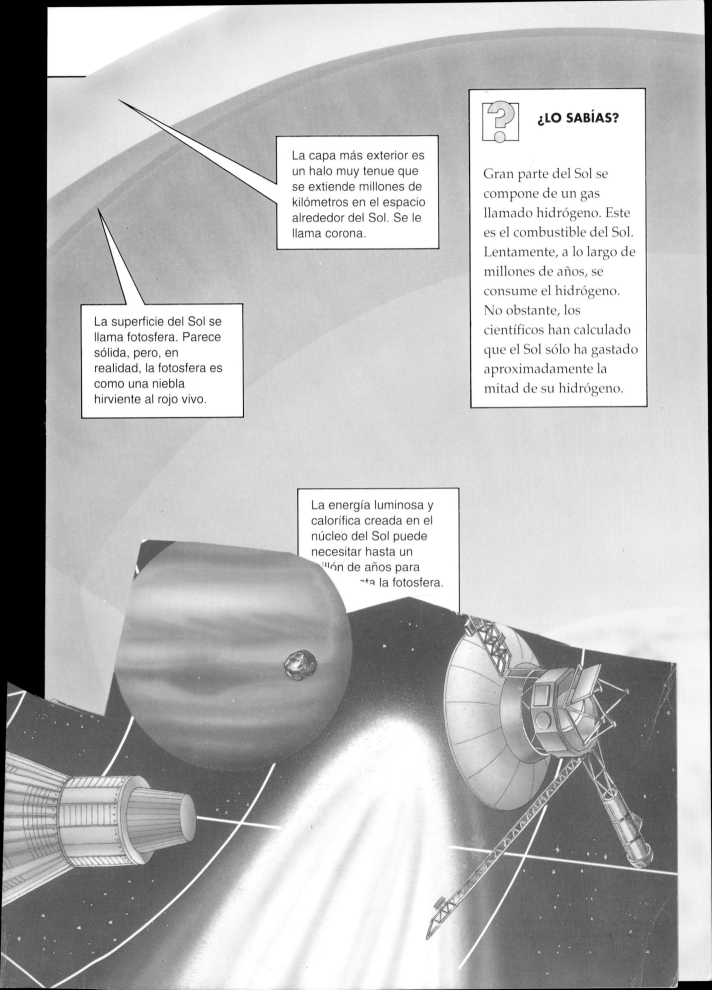

La capa más exterior es un halo muy tenue que se extiende millones de kilómetros en el espacio alrededor del Sol. Se le llama corona.

La superficie del Sol se llama fotosfera. Parece sólida, pero, en realidad, la fotosfera es como una niebla hirviente al rojo vivo.

La energía luminosa y calorífica creada en el núcleo del Sol puede necesitar hasta un ...llón de años para ... la fotosfera.

¿Qué temperatura tiene el Sol?

¡El Sol es demasiado caliente para acercarse a él! La parte más caliente es el núcleo, donde la temperatura puede alcanzar 15 millones de °C. Incluso la parte más fría del Sol, su superficie, alcanza 6000°C. A esta temperatura, el hierro sólido herviría en una nube de gas. Todo ese calor se forma en el núcleo del Sol por un proceso en el que el gas hidrógeno se convierte en otro gas llamado helio.

¿LO SABÍAS?

¡El Sol pierde peso! Los científicos han calculado que pierde unos 4 millones de toneladas cada segundo: esta es la cantidad de gas hidrógeno que el Sol convierte en energía cada segundo.

¿LO SABÍAS?

Toda la materia se compone de átomos, invisiblemente pequeños, que tienen grandes cantidades de energía. Parte de ésta se desprende dentro del Sol, donde hace tanto calor que los átomos de hidrógeno se rompen y vuelven a juntarse para formar átomos de helio. A esto se le llama reacción atómica.

La Tierra está rodeada por una capa de aire llamada atmósfera, que nos protege de los rayos ardientes del Sol.

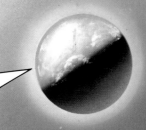

HAZ UN RELOJ DE SOL

Clava un palo en plastilina y colócalo sobre una hoja de papel en un lugar soleado. Usa una regla y un lápiz para señalar en el papel dónde cae la sombra a diversas horas del día.

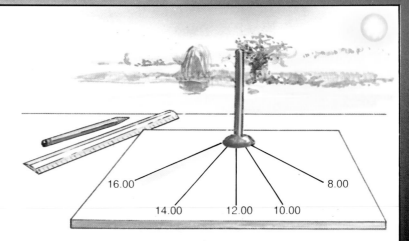

16.00   14.00   12.00   10.00   8.00

¿Qué edad tiene el Sol?

El Sol tiene unos 4600 millones de años. Las estrellas son como las personas: nacen, viven un tiempo y luego mueren. Nuestro Sol es una estrella media en cuanto a tamaño y luminosidad. Ahora ha llegado a su edad mediana, pero dentro de unos 5 mil millones de años más habrá gastado todo su combustible de hidrógeno. Entonces aumentará de tamaño hasta llegar a unas 100 veces el actual y se convertirá en una gigante roja. Después de millones de años más, el Sol gigantesco encogerá y se convertirá en una enana blanca. Cuando se enfríe incluso dejará de brillar.

¿LO SABÍAS?

Las bombillas se enfrían del mismo modo que lo hacen las estrellas que se mueren: el filamento interior brilla blanco, luego amarillo, naranja y finalmente rojo.

2 Se formaron también muchas otras estrellas, de tipos diferentes. Juntas formaron un grupo.

1 Como todas las estrellas nuevas, nuestro Sol inició su vida en una nube de gas oscura y fría llamada nébula.

3 Nuestro Sol empezó a brillar como estrella roja fría cuando salió de la nébula y empezó su propia vida.

4 El Sol brillará como una estrella amarilla normal la mayor parte de su vida. Puede llegar a calentarse algo más.

¿Por qué sale el Sol?

Aunque no nos demos cuenta, la Tierra siempre está en movimiento. Da vueltas alrededor del Sol, viaje para el que necesita un año. Al mismo tiempo, la Tierra rueda y completa un giro cada 24 horas. Cuando la Tierra gira, el Sol aparece a la vista y parece levantarse en el cielo. La Tierra gira de oeste a este, así que el Sol está en el este cuando lo vemos por la mañana y en el oeste cuando se pone por la tarde.

¿LO SABÍAS?

Aunque no lo sintamos, la Tierra gira a unos 1600 km/h. La línea central sobre la que algo gira se llama eje. El eje de la Tierra pasa por los polos.

La luz del Sol necesita 8½ minutos para recorrer 150 millones de km hasta la Tierra.

Es de noche cuando nuestra parte de la Tierra está apartada de la luz del Sol.

Desde la Tierra, el Sol parece recorrer el cielo entre el alba y el ocaso. Pero, en realidad, se mueve la Tierra, no el Sol.

La capa más exterior es un halo muy tenue que se extiende millones de kilómetros en el espacio alrededor del Sol. Se le llama corona.

La superficie del Sol se llama fotosfera. Parece sólida, pero, en realidad, la fotosfera es como una niebla hirviente al rojo vivo.

La energía luminosa y calorífica creada en el núcleo del Sol puede necesitar hasta un millón de años para llegar hasta la fotosfera.

El núcleo del Sol se compone de un gas llamado helio. Esta es la parte más caliente del Sol. Es donde se genera la energía calorífica y luminosa del Sol.

¿Qué temperatura tiene el Sol?

¡El Sol es demasiado caliente para acercarse a él! La parte más caliente es el núcleo, donde la temperatura puede alcanzar 15 millones de °C. Incluso la parte más fría del Sol, su superficie, alcanza 6000°C. A esta temperatura, el hierro sólido herviría en una nube de gas. Todo ese calor se forma en el núcleo del Sol por un proceso en el que el gas hidrógeno se convierte en otro gas llamado helio.

¿LO SABÍAS?

¡El Sol pierde peso! Los científicos han calculado que pierde unos 4 millones de toneladas cada segundo: esta es la cantidad de gas hidrógeno que el Sol convierte en energía cada segundo.

¿LO SABÍAS?

Toda la materia se compone de átomos, invisiblemente pequeños, que tienen grandes cantidades de energía. Parte de ésta se desprende dentro del Sol, donde hace tanto calor que los átomos de hidrógeno se rompen y vuelven a juntarse para formar átomos de helio. A esto se le llama reacción atómica.

La Tierra está rodeada por una capa de aire llamada atmósfera, que nos protege de los rayos ardientes del Sol.

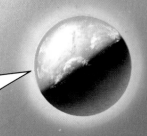

HAZ UN RELOJ DE SOL

Clava un palo en plastilina y colócalo sobre una hoja de papel en un lugar soleado. Usa una regla y un lápiz para señalar en el papel dónde cae la sombra a diversas horas del día.

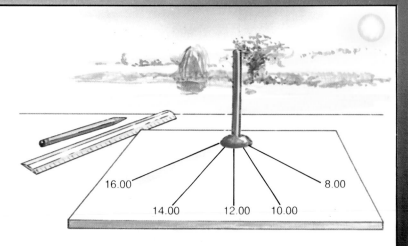

7 La última fase de la vida de nuestro Sol será como enana blanca: una estrella pequeña pero aún muy caliente. A medida que se enfríe se volverá amarilla, naranja, luego roja.

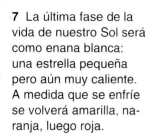

9 Puede que parte de la estrella sobreviva como estrella de neutrones. Se trata de estrellas pequeñas pero increíblemente densas: una cabeza de alfiler pesaría tanto como una casa.

8 Casi todas las estrellas terminan su vida como enanas blancas. Pero las mayores y más brillantes, las gigantes azules, pueden estallar en una gran explosión llamada supernova.

6 Al morir, algunas estrellas dejan enormes nubes de gas en el espacio. Estas nubes se llaman nebulosas planetarias.

HECHOS SOBRE LAS ESTRELLAS

• Las estrellas más viejas tienen 15 mil millones de años.

• Las mayores estrellas son las supergigantes rojas. Pueden ser hasta mil veces mayores que el Sol.

• Las estrellas más calientes son las supergigantes azules. Su temperatura superficial es cinco veces mayor que la de nuestro Sol.

5 Hacia el fin de su vida, el Sol se hinchará hasta alcanzar 100 veces su tamaño actual. Se convertirá en una gigante roja.

• Las estrellas más pequeñas son las de neutrones, con unos 15 km de diámetro.

¿Qué es un agujero negro?

Los agujeros negros son los restos del colapso de
una estrella. En cada estrella se enfrentan dos
fuerzas. Una es la gravedad, que tira hacia dentro,
y que trata de que colapse y se haga mucho menor.
Por otra parte está la energía que surge de su
núcleo, que trata de hacerla estallar. Durante la
mayor parte de la vida de una estrella, su gravedad
y su energía se equilibran exactamente. Pero
cuando se termina el combustible del núcleo, gana
la gravedad y provoca el hundimiento. La
gravedad que rodea a la estrella es entonces
tan fuerte que atrae incluso su propia luz,
con lo que la hace invisible: un agujero
negro en el espacio.

¿LO SABÍAS?

Si el Sol alguna vez se
convirtiera en un agujero
negro, su diámetro se
reduciría de cerca de 1,4
millones de km a menos
de 6 km.

El dibujo muestra lo que
ocurriría si un agujero negro y una estrella se ha-
llaran cerca en el espacio:
la gravedad del agujero
negro chuparía gases ca-
lientes de la estrella.

¿Qué son las estrellas fugaces?

Las estrellas fugaces, o meteoros, son las estelas de luz que a veces se ven por la noche. Los causan piezas de roca o metal del tamaño de un guisante, llamados meteoroides, que caen del espacio y arden en la atmósfera terrestre.

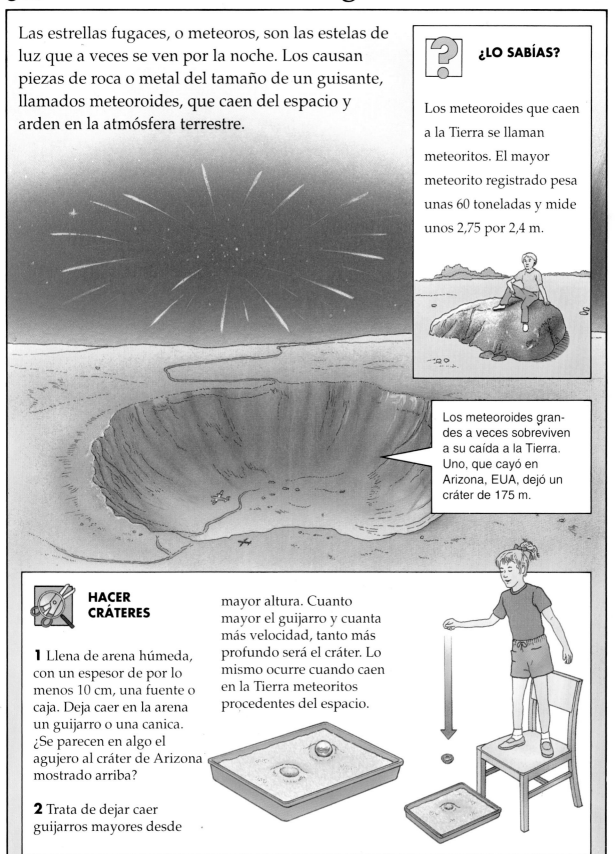

Los meteoroides grandes a veces sobreviven a su caída a la Tierra. Uno, que cayó en Arizona, EUA, dejó un cráter de 175 m.

HACER CRÁTERES

1 Llena de arena húmeda, con un espesor de por lo menos 10 cm, una fuente o caja. Deja caer en la arena un guijarro o una canica. ¿Se parecen en algo el agujero al cráter de Arizona mostrado arriba?

2 Trata de dejar caer guijarros mayores desde mayor altura. Cuanto mayor el guijarro y cuanta más velocidad, tanto más profundo será el cráter. Lo mismo ocurre cuando caen en la Tierra meteoritos procedentes del espacio.

¿Qué es el cometa Halley?

Los cometas son grandes nubes de gas y polvo, mucho mayores que la Tierra, con un núcleo de roca de pocos kilómetros de diámetro. El cometa Halley recibe su nombre del científico inglés Edmond Halley (1656-1742), quien calculó que su órbita alrededor del Sol lo acerca a la Tierra cada 76 años.

En 1986, la nave espacial europea Giotto atravesó el cometa Halley.

La cola de un cometa va en dirección opuesta al Sol y puede medir más de 300 millones de km.

¿LO SABÍAS?

El cometa Halley se ha visto por última vez en 1985-86 y volverá en 2061-62. El mismo cometa se ha visto con regularidad desde el 240 a.C. Apareció en 1066, en tiempos de la conquista normanda de Inglaterra: se lo ve como una estrella brillante en el tapiz de Bayeux, que narra la historia de esa conquista.

Giotto resultó golpeada por polvo del cometa, pero su cámara siguió enviando fotos a la Tierra.

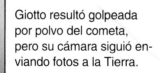

Los científicos calcularon que el núcleo de roca y hielo del cometa medía 15 por 8 km.

¿Qué es un satélite?

Un satélite es algo que gira alrededor de un planeta. Hasta el inicio de la era espacial, el único satélite de la Tierra era la Luna. Ahora tiene muchos satélites artificiales, máquinas que dan vueltas alrededor de ella mientras realizan las más diversas tareas. Algunos satélites transmiten señales de televisión y de teléfono. Algunos estudian las estrellas, otros la Tierra y el tiempo.

 ¿LO SABÍAS?

Para escapar a la gravedad terrestre y entrar en órbita, un satélite debe ser lanzado por un cohete a una velocidad de más de 28000 km/h. El primer satélite, el Sputnik I, fue lanzado en 1957. Duró 92 días.

Los satélites de comunicaciones transmiten señales de televisión y de teléfono. Puesto que su órbita se ajusta a la velocidad a la que gira la Tierra en el espacio, se mantienen sobre el mismo punto de su superficie.

Algunos satélites llevan telescopios que recogen la luz infrarroja y otras ondas de luz invisibles para nuestros ojos. Pueden estudiar estrellas jóvenes, que todavía no son lo bastante calientes para brillar.

Los satélites envían información a la Tierra en forma de señales de radio. Las reciben antenas parabólicas en diversos puntos del mundo

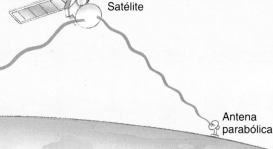

Satélite

Antena parabólica

Antena parabólica

¿Qué es la Vía Láctea?

Puede que en noches claras sin luna hayas visto una franja de estrellas en el cielo. Eso es la Vía Láctea. Es el gran grupo de estrellas al que pertenece nuestro Sol. Los grupos de estrellas como la Vía Láctea se llaman galaxias y hay millones de ellas en el espacio. La Vía Láctea es una galaxia en espiral: el dibujo muestra la forma que tiene vista desde arriba. De lado parecería un platillo giratorio.

HECHOS SOBRE GALAXIAS

• La Vía Láctea se compone de más de 100 mil millones de estrellas. El Sol no es más que una de ellas.

• De extremo a extremo, la Vía Láctea mide unos 100000 años luz.

• La galaxia más cercana a nosotros está a unos 175000 años luz. Se llama Gran Nube Magallánica y es menor que la Vía Láctea.

• Hay tres clases principales de galaxias. Unas son espirales, como la Vía Láctea. Otras son elípticas (en forma de huevo) o irregulares.

MIRAR LAS ESTRELLAS

En las noches claras sin luna puedes ver muchas estrellas sin ayuda de prismáticos ni telescopio. Un mapa estelar (planisferio) puede ayudarte a identificar las constelaciones que ves. ¡Abrígate bien!

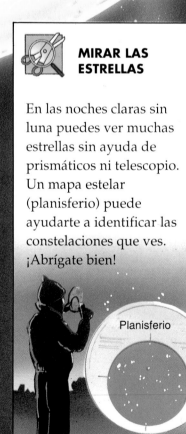

Planisferio

Este es el aspecto de las tres clases principales de galaxias.

Vistas desde arriba, las galaxias espirales parecen remolinos gigantes con largos brazos de estrellas en espiral. La galaxia espiral más cercana a la nuestra, la de Andrómeda, está a más de 2 millones de años luz de la Tierra.

Las galaxias elípticas son como las espirales, pero sin brazos. Se cree que están formadas por estrellas viejas y moribundas.

Nuestro Sol (en la flecha) está cerca del extremo de la Vía Láctea, en un brazo espiral a 30000 años luz del centro.

Las galaxias irregulares pueden tener cualquier forma. Son menores que la Vía Láctea y parece que se componen de estrellas jóvenes, recién formadas.

¿Qué es el sistema solar?

La Tierra es uno de los nueve planetas que giran alrededor del Sol. Esos planetas y sus lunas forman el sistema solar. El sistema solar también abarca miles de planetas menores, llamados asteroides, e incontables cometas. Los planetas, asteroides y cometas se mantienen en su sitio por la fuerza de gravedad del Sol.

¿LO SABÍAS?

A diferencia de las estrellas, los planetas no dan luz. Relucen de noche porque reflejan la luz del Sol.

Los planetas y otros objetos que giran alrededor del Sol lo hacen en círculos achatados llamados elipses.

Círculo   Elipse

Mercurio

Venus

Júpiter

Júpiter es el mayor de los planetas. Su Gran Mancha Roja es una nube en remolino de tamaño mayor que la Tierra.

Tierra

Urano, Júpiter, Neptuno y Saturno tienen anillos. Los anillos se componen de pedazos de hielo y polvo.

Urano

Marte

HECHOS SOBRE LOS PLANETAS

1 Mercurio es el planeta más cercano al Sol.

2 Venus es caliente, tormentoso y está cubierto de nubes.

3 La Tierra es el único planeta del sistema solar con aire, agua y vida.

4 Marte es un mundo frío y desierto.

Unos 50000 asteroides forman un cinturón entre Marte y Júpiter.

5 Júpiter es el mayor de los planetas: todos los demás cabrían dentro de él.

6 Saturno tiene los anillos más luminosos y el mayor número de lunas.

7 Urano tiene 15 satélites y 13 anillos.

8 Entre 1977-99, la órbita de Neptuno es la más exterior del sistema solar.

9 Plutón es el menor y menos conocido de los planetas.

Sol

2 1   3 4   5   6

7   8 9

Puede que los asteroides sean los restos de un planeta. El asteroide mayor 1000

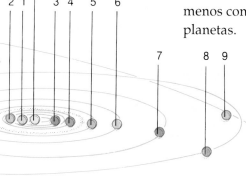

Neptuno

Plutón

Saturno

¿Cuál es el planeta más caliente?

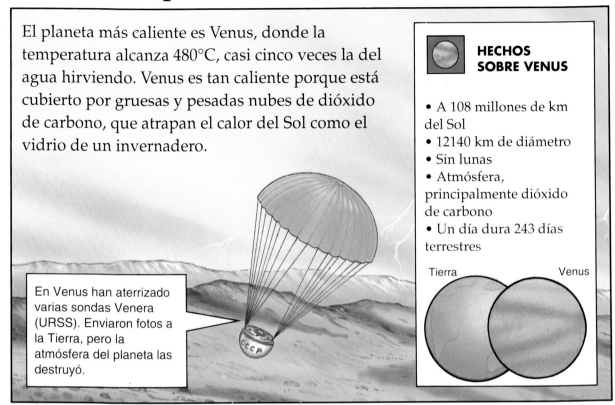

El planeta más caliente es Venus, donde la temperatura alcanza 480°C, casi cinco veces la del agua hirviendo. Venus es tan caliente porque está cubierto por gruesas y pesadas nubes de dióxido de carbono, que atrapan el calor del Sol como el vidrio de un invernadero.

En Venus han aterrizado varias sondas Venera (URSS). Enviaron fotos a la Tierra, pero la atmósfera del planeta las destruyó.

HECHOS SOBRE VENUS

- A 108 millones de km del Sol
- 12140 km de diámetro
- Sin lunas
- Atmósfera, principalmente dióxido de carbono
- Un día dura 243 días terrestres

Tierra   Venus

¿Cuál es el planeta más frío?

El planeta más frío es Plutón. Está tan lejos del Sol que apenas le llega su calor. La temperatura de Plutón es de 240°C bajo el punto de congelación. La temperatura más baja registrada en la Tierra, justo por debajo de -89°C, en Plutón parecería una ola de calor.

HECHOS SOBRE PLUTÓN

- A 5900 millones de km del Sol
- 3000 km de diámetro
- Un satélite
- Atmósfera: no se sabe
- Un día dura 6,4 días terrestres

Plutón

¿Cuál es el planeta más cercano al Sol?

Mercurio es el planeta más cercano al Sol. A mediodía hace en él más calor que en un horno: unos 350°C. Pero por la noche está frío como el hielo, porque este planeta no tiene atmósfera que conserve el calor.

HECHOS SOBRE MERCURIO

- A 58 millones de km del Sol
- 4880 km de diámetro
- Sin satélites
- Sin atmósfera
- Un día dura 59 días terrestres

Tierra

Mercurio

La nave espacial de EUA Mariner 10 envió a la Tierra las primeras fotos de Mercurio en 1974-75

¿Qué planeta tiene el mayor satélite?

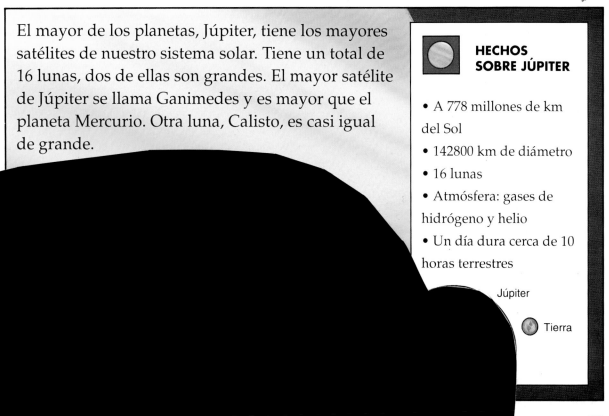

El mayor de los planetas, Júpiter, tiene los mayores satélites de nuestro sistema solar. Tiene un total de 16 lunas, dos de ellas son grandes. El mayor satélite de Júpiter se llama Ganimedes y es mayor que el planeta Mercurio. Otra luna, Calisto, es casi igual de grande.

HECHOS SOBRE JÚPITER

- A 778 millones de km del Sol
- 142800 km de diámetro
- 16 lunas
- Atmósfera: gases de hidrógeno y helio
- Un día dura cerca de 10 horas terrestres

Júpiter

Tierra

¿Hay vida en Marte?

Marte es el cuarto planeta desde el Sol y durante mucho tiempo la gente pensó si estaría lo suficientemente cerca de él como para permitir la vida. En 1976, dos naves espaciales estadounidenses Viking llegaron a Marte, pero no descubrieron rastro de vida. Marte tiene muy poco aire, nada de agua superficial y es muy frío: la temperatura no sube por encima del punto de congelación ni en verano. Sin embargo, puede que Marte haya sido más caliente. Entonces puede que tuviera agua y, acaso, formas elementales de vida.

HECHOS SOBRE MARTE

- A 228 millones de km del Sol
- 6790 km de diámetro
- 2 satélites
- Atmósfera: gas dióxido carbónico
- Un día dura unas 24,5 horas terrestres

Tierra

Marte

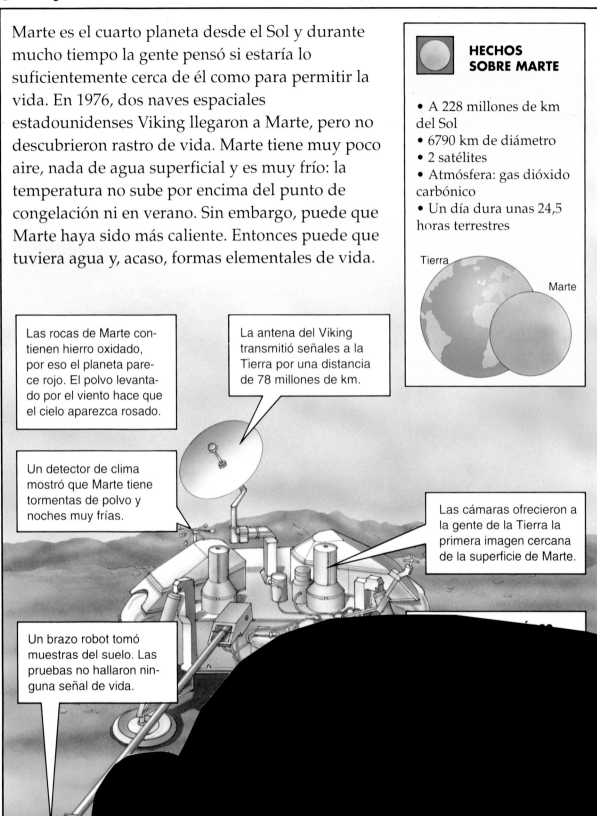

Las rocas de Marte contienen hierro oxidado, por eso el planeta parece rojo. El polvo levantado por el viento hace que el cielo aparezca rosado.

La antena del Viking transmitió señales a la Tierra por una distancia de 78 millones de km.

Un detector de clima mostró que Marte tiene tormentas de polvo y noches muy frías.

Las cámaras ofrecieron a la gente de la Tierra la primera imagen cercana de la superficie de Marte.

Un brazo robot tomó muestras del suelo. Las pruebas no hallaron ninguna señal de vida.

¿Cómo es Neptuno?

Hasta 1989, en que la nave espacial Voyager 2 pasó volando cerca de Neptuno, se sabía muy poco de este planeta lejano. Sabíamos que debía de ser extremadamente frío, por estar tan lejos del Sol. Y los astrónomos también habían distinguido dos satélites. Las cámaras del Voyager nos mostraron un mundo frío, azul, envuelto en nubes tormentosas de gas metano: el azul se debe a ese gas, no a los océanos. El Voyager también reveló que Neptuno tiene seis satélites más y que tiene anillos, como Saturno, Urano y Júpiter.

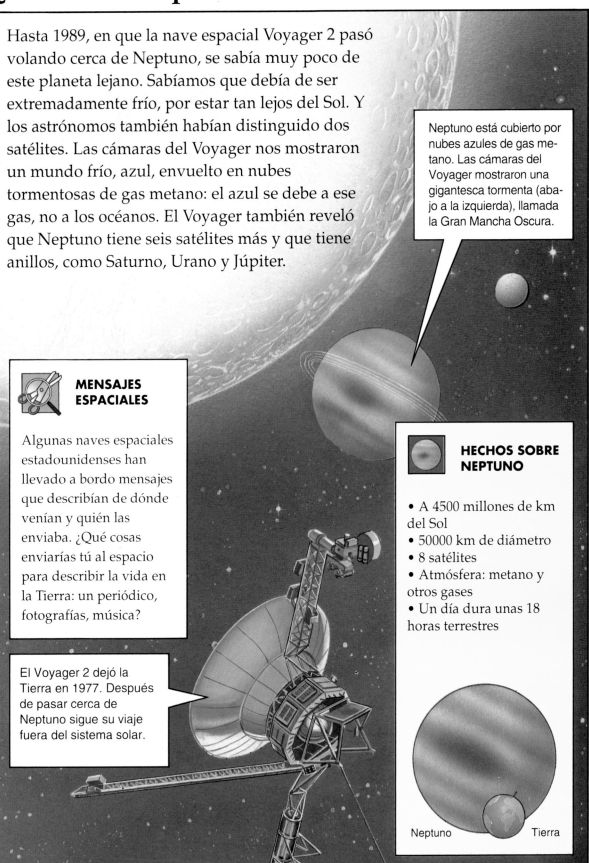

Neptuno está cubierto por nubes azules de gas metano. Las cámaras del Voyager mostraron una gigantesca tormenta (abajo a la izquierda), llamada la Gran Mancha Oscura.

MENSAJES ESPACIALES

Algunas naves espaciales estadounidenses han llevado a bordo mensajes que describían de dónde venían y quién las enviaba. ¿Qué cosas enviarías tú al espacio para describir la vida en la Tierra: un periódico, fotografías, música?

El Voyager 2 dejó la Tierra en 1977. Después de pasar cerca de Neptuno sigue su viaje fuera del sistema solar.

HECHOS SOBRE NEPTUNO

• A 4500 millones de km del Sol
• 50000 km de diámetro
• 8 satélites
• Atmósfera: metano y otros gases
• Un día dura unas 18 horas terrestres

Neptuno   Tierra

¿Quién pisó primero en la Luna?

En 1959, la nave espacial rusa Luna 2 se estrelló contra la Luna. Dos años después, los estadounidenses empezaron a proyectar una nave espacial que pudiera transportar astronautas a la Luna y devolverlos a la Tierra. En 1969 estaban listos. Tres astronautas viajaron a la Luna en la nave espacial Apolo 11, lanzada desde la Tierra por medio de un cohete gigantesco. La nave principal quedó en la órbita de la Luna, mientras los astronautas Neil Amstrong y Edwin Aldrin llegaban a la Luna en otra nave pequeña. Pisaron su suelo el 20 de julio de 1969.

HECHOS SOBRE LA LUNA

- A 384400 kilómetros de la Tierra
- 3476 kilómetros de diámetro
- Sin atmósfera
- Un día dura 29,5 días terrestres
- Puede alcanzar 100°C de calor y -170°C de frío.
- Es aproximadamente tan grande como Australia.

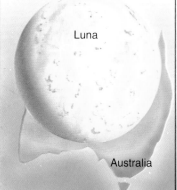

Luna

Australia

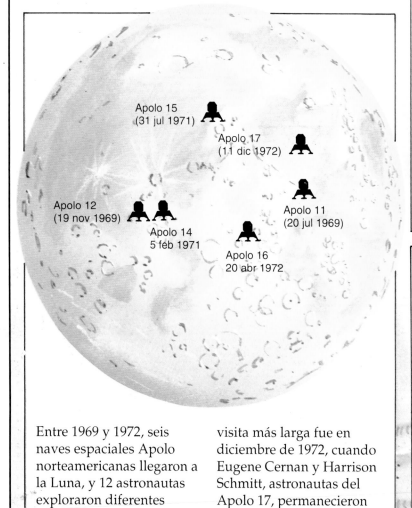

Apolo 15
(31 jul 1971)

Apolo 17
(11 dic 1972)

Apolo 12
(19 nov 1969)

Apolo 14
5 feb 1971

Apolo 11
(20 jul 1969)

Apolo 16
20 abr 1972

Entre 1969 y 1972, seis naves espaciales Apolo norteamericanas llegaron a la Luna, y 12 astronautas exploraron diferentes zonas de su superficie. La visita más larga fue en diciembre de 1972, cuando Eugene Cernan y Harrison Schmitt, astronautas del Apolo 17, permanecieron allí alrededor de 75 horas.

¿A QUÉ DISTANCIA ESTÁ LA LUNA?

1 Para tener una idea de la dimensión de la Luna en comparación con la Tierra, sírvete de una canica y una pelota de golf.

2 El diámetro de la pelota de golf es aproximada-

Canica (Luna)

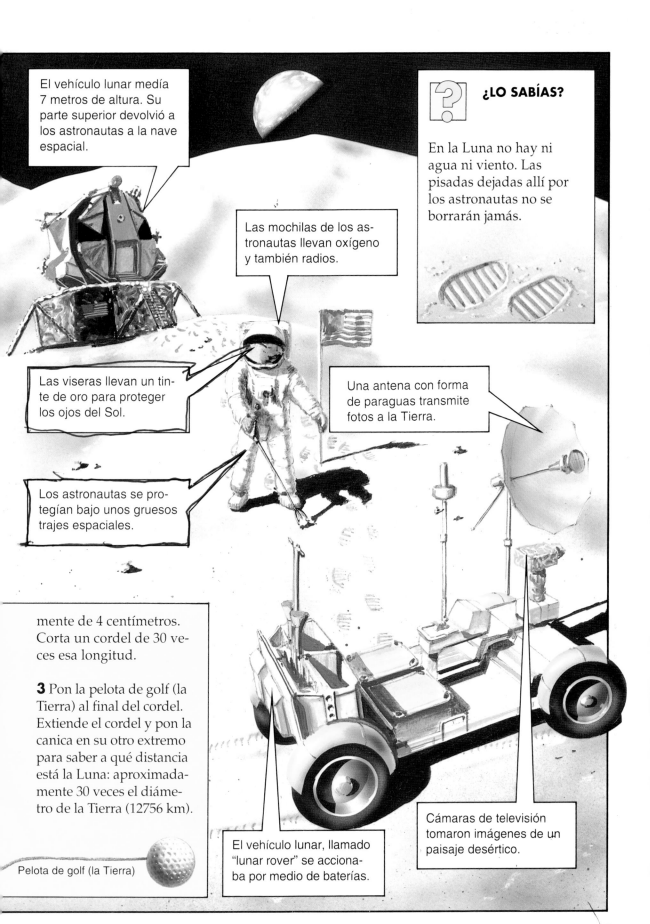

El vehículo lunar medía 7 metros de altura. Su parte superior devolvió a los astronautas a la nave espacial.

Las mochilas de los astronautas llevan oxígeno y también radios.

En la Luna no hay ni agua ni viento. Las pisadas dejadas allí por los astronautas no se borrarán jamás.

Las viseras llevan un tinte de oro para proteger los ojos del Sol.

Una antena con forma de paraguas transmite fotos a la Tierra.

Los astronautas se protegían bajo unos gruesos trajes espaciales.

mente de 4 centímetros. Corta un cordel de 30 veces esa longitud.

3 Pon la pelota de golf (la Tierra) al final del cordel. Extiende el cordel y pon la canica en su otro extremo para saber a qué distancia está la Luna: aproximadamente 30 veces el diámetro de la Tierra (12756 km).

Pelota de golf (la Tierra)

Cámaras de televisión tomaron imágenes de un paisaje desértico.

El vehículo lunar, llamado "lunar rover" se accionaba por medio de baterías.

¿Por qué cambia la Luna?

La Luna es iluminada por el sol, no tiene luz propia. Sin embargo, el Sol sólo ilumina la mitad de la Luna, mientras que la otra mitad queda a oscuras e invisible. Desde la Tierra sólo podemos ver una cara o lado de la Luna, y ésta parece cambiar de forma porque la vemos desde ángulos diferentes durante los 29,5 días que necesita para recorrer su órbita alrededor de la Tierra. Unas veces, el Sol ilumina toda la cara de la Luna que podemos ver. Otras, sólo una parte.

¿LO SABÍAS?

La Luna gira sobre su eje cada vez que gira alrededor de la Tierra. Esto explica por qué vemos sólo una cara de la Luna. Sólo los viajeros del espacio han podido ver la otra cara más alejada de la Luna.

A lo largo de un mes, la Luna se mueve a través del cielo de oeste a este. Encarado al sur, la verás cambiar de forma tal como se muestra abajo.

La palabra gibosa significa jorobada.

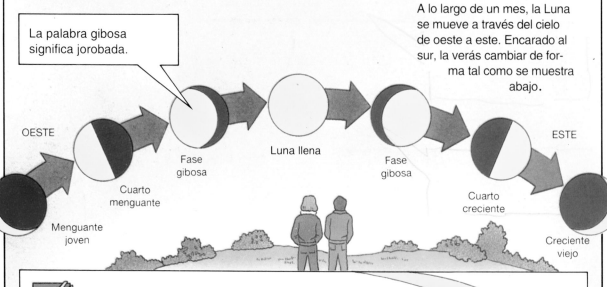

OESTE

Menguante joven

Cuarto menguante

Fase gibosa

Luna llena

Fase gibosa

Cuarto creciente

ESTE

Creciente viejo

HAZ UNA LUNA GIRATORIA

La Luna se sostiene en su órbita por la gravedad de la Tierra, o fuerza de atracción. Sin ella, la Luna se iría volando en el espacio. Aquí puedes ver cómo actúa la gravedad.

1 Ata un trozo de cuerda a un cubo de plástico. Asegúrate de que los nudos son fuertes y que

hay suficiente espacio a tu alrededor.

2 Haz girar el cubo a tu alrededor en el aire. La gravedad de la Tierra es como el trozo de cuerda que tira de la Luna en su órbita.

¿Cómo ocurren los eclipses?

Hay dos tipos de eclipses y ocurren por razones diferentes. El eclipse de Sol ocurre cuando la Luna pasa por delante de él. A veces la Luna tapa por completo el Sol y por un momento el día se hace noche. Es lo que se llama eclipse total. Hay también un eclipse de Luna. Sucede cuando la Luna llena se encuentra en la sombra de la Tierra.

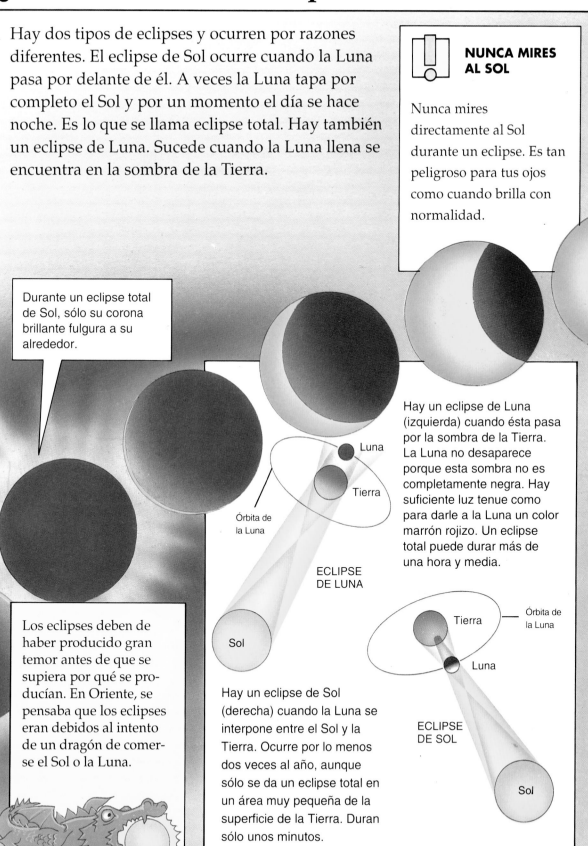

NUNCA MIRES AL SOL

Nunca mires directamente al Sol durante un eclipse. Es tan peligroso para tus ojos como cuando brilla con normalidad.

Durante un eclipse total de Sol, sólo su corona brillante fulgura a su alrededor.

Luna

Tierra

Órbita de la Luna

ECLIPSE DE LUNA

Hay un eclipse de Luna (izquierda) cuando ésta pasa por la sombra de la Tierra. La Luna no desaparece porque esta sombra no es completamente negra. Hay suficiente luz tenue como para darle a la Luna un color marrón rojizo. Un eclipse total puede durar más de una hora y media.

Tierra

Órbita de la Luna

Luna

Sol

ECLIPSE DE SOL

Sol

Los eclipses deben de haber producido gran temor antes de que se supiera por qué se producían. En Oriente, se pensaba que los eclipses eran debidos al intento de un dragón de comerse el Sol o la Luna.

Hay un eclipse de Sol (derecha) cuando la Luna se interpone entre el Sol y la Tierra. Ocurre por lo menos dos veces al año, aunque sólo se da un eclipse total en un área muy pequeña de la superficie de la Tierra. Duran sólo unos minutos.

¿Cuándo empezó la era espacial?

La era espacial empezó el 4 de octubre de 1957, cuando los rusos lanzaron al espacio el Sputnik 1, el primer satélite artificial del mundo. El primer vuelo espacial llevado a cabo por una persona tuvo lugar el 12 de abril de 1961. Yuri Gagarin, cosmonauta soviético, giró alrededor de la Tierra una vez en la nave espacial Vostok 1, demostrando que la gente puede viajar en el espacio.

HECHOS SOBRE EL ESPACIO

• El primer animal enviado al espacio fue una perra llamada Laika. Fue lanzada en 1957, en el Sputnik 2 ruso.

• Las primeras imágenes de televisión transmitidas a través del océano Atlántico vía satélite fueron reflejadas por Telstar (Estados Unidos).

• Las primeras fotos tomadas de cerca del planeta Marte que fueron enviadas a la Tierra en 1965 las llevó a cabo la nave espacial norteamericana Mariner 4.

• La primera nave espacial que voló alrededor de la Luna y volvió a la Tierra fue la soviética Zond 5, en 1968.

• Las primeras naves espaciales que aterrizaron en Marte fueron dos sondas norteamericanas Viking (julio y septiembre de 1971).

• La primera nave espacial que visitó los planetas exteriores del sistema solar fue la norteamericana Voyager 2. Se lanzó en 1977 y sobrevoló el planeta Neptuno en 1989.

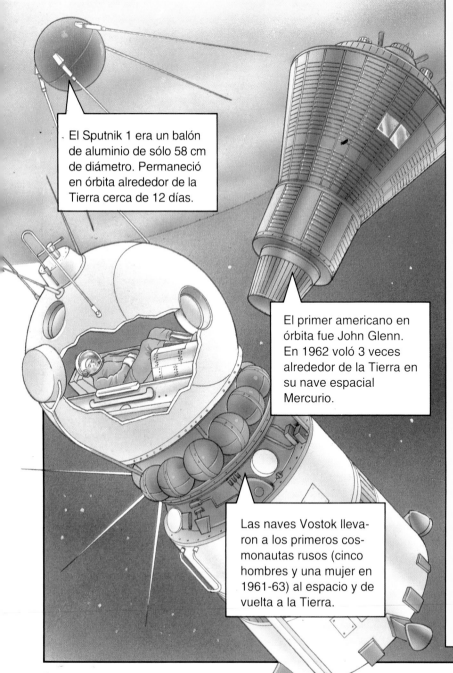

El Sputnik 1 era un balón de aluminio de sólo 58 cm de diámetro. Permaneció en órbita alrededor de la Tierra cerca de 12 días.

El primer americano en órbita fue John Glenn. En 1962 voló 3 veces alrededor de la Tierra en su nave espacial Mercurio.

Las naves Vostok llevaron a los primeros cosmonautas rusos (cinco hombres y una mujer en 1961-63) al espacio y de vuelta a la Tierra.

¿Cuándo se inventaron los cohetes?

Los primeros cohetes espaciales se inventaron en la década de los 50, pero el científico soviético Konstantin Tsiolkovski (1857-1935) había descubierto mucho antes cómo funcionarían. Se empezó a experimentar con pequeños cohetes en la década de los 20, y durante la segunda guerra mundial (1939-1945), los alemanes inventaron el cohete V2, que se usó como arma. Después de la guerra los científicos perfeccionaron el diseño V2 hasta lograr un cohete con potencia suficiente como para viajar en el espacio.

¿LO SABÍAS?

La pólvora de los cohetes de fuegos artificiales se inventó en China, nadie sabe cuándo. Se conoció en Europa alrededor del año 1241.

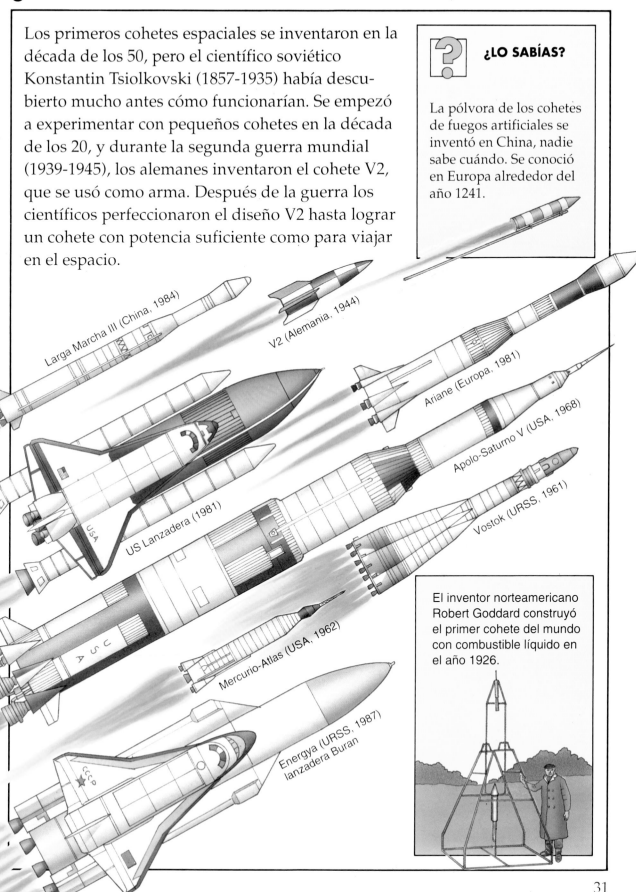

Larga Marcha III (China, 1984)

V2 (Alemania, 1944)

Ariane (Europa, 1981)

Apolo-Saturno V (USA, 1968)

US Lanzadera (1981)

Vostok (URSS, 1961)

Mercurio-Atlas (USA, 1962)

Energya (URSS, 1987) lanzadera Buran

El inventor norteamericano Robert Goddard construyó el primer cohete del mundo con combustible líquido en el año 1926.

¿Quién dio el primer paseo espacial?

El cosmonauta Alexei Leonov dio el primer paseo espacial el 18 de marzo de 1965. Leonov salió de la nave espacial y permaneció fuera 24 minutos. Un cordón de seguridad evitó que saliera flotando en el espacio. A partir de esa fecha, cosmonautas y astronautas han trabajado durante horas fuera de sus naves espaciales. También eran capaces de hacer reparaciones en sus naves espaciales mientras flotaban en el espacio.

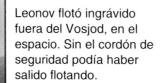

Leonov flotó ingrávido fuera del Vosjod, en el espacio. Sin el cordón de seguridad podía haber salido flotando.

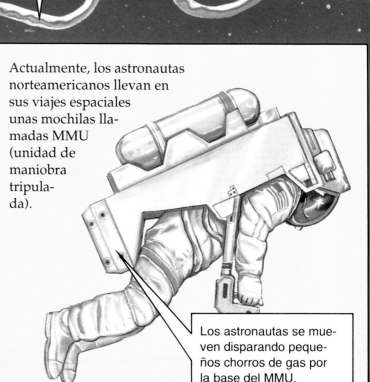

Actualmente, los astronautas norteamericanos llevan en sus viajes espaciales unas mochilas llamadas MMU (unidad de maniobra tripulada).

Los astronautas se mueven disparando pequeños chorros de gas por la base del MMU.

¿Quién fue la primera mujer en el espacio?

La primera mujer en el espacio fue Valentina Tereshkova de la antigua URSS. Empezó su entrenamiento para ser cosmonauta en 1962, y el 16 de junio de 1963 fue lanzada al espacio en la nave espacial Vostok 6. Estuvo más de 2 días girando alrededor de la Tierra.

¿Cuánto tiempo se puede permanecer en el espacio?

Algunos cosmonautas han permanecido hasta un año a bordo de estaciones espaciales en órbita. Los médicos estudian, en el cuerpo de los astronautas, los efectos de estas largas estancias en el espacio para estar seguros de que se encuentran bien.

Después de 326 días en el espacio, en 1987, Yuri Romanenko había crecido, pero sus músculos estaban débiles.

Las estaciones espaciales se abastecen de agua y otras cosas de la Tierra. El suministro llega en una nave espacial.

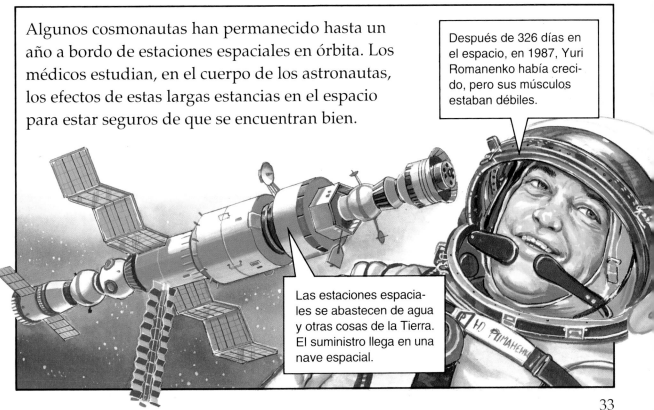

¿Cómo se vive en el espacio?

Aunque las estaciones espaciales actuales no son tan grandes como las futuristas que se aprecian en la foto, la vida a bordo de ellas es ya bastante confortable. La gran diferencia que hay con estar en la Tierra es que las cosas no pesan, de modo que, si no se los sujeta, flotan alrededor. Los viajeros espaciales deben estar sujetos a algo para contrarrestar la falta de gravedad y no flotar.

Como las cosas no pesan en el espacio, es difícil lavarse: el agua flota como lo hace todo. Los viajeros del espacio tienen duchas especiales, en las que se aspira el agua para que no se escape ninguna gota.

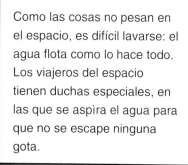

Como las condiciones son especiales en el espacio, los científicos pueden llevar a cabo experimentos imposibles en la Tierra. Pueden hacer nuevas aleaciones (mezcla de metales) y medicinas. También estudian cómo crecen las plantas cuando no pesan, y si animales como peces y arañas se comportan de otra manera en el espacio.

Las estaciones se alimentarán de energía mediante paneles solares, que convierten en electricidad la luz del Sol.

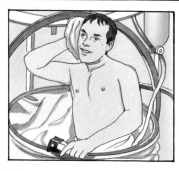

En lanzaderas se transportará a las estaciones espaciales tripulaciones de refresco y abastecimientos.

Remolcadores espaciales lanzados desde la Tierra, llevarán cargas como combustible y material de construcción.

• Hasta ahora, 200 personas han viajado al espacio. La mayoría eran científicos o pilotos.

• Los momentos más peligrosos para los viajeros espaciales son cuando las naves despegan y cuando vuelven a la atmósfera de la Tierra.

• Los astronautas y cosmonautas se entrenan durante años en tierra antes de viajar al espacio. Para ayudarlos a acostumbrarse a la falta de gravedad, usan trajes espaciales y trabajan en profundos tanques de agua.

Se podrá añadir secciones nuevas a las estaciones espaciales para ampliarlas.

Las lanzaderas descargarán acoplándose a esclusas de aire, puertas especiales que impiden que el aire escape al espacio.

¿LO SABÍAS?

Para impedir que sus cuerpos se debiliten, los viajeros del espacio han de hacer ejercicio todos los días. Lo hacen con aparatos, pero han de estar atados para no salir flotando puesto que no pesan.

¿Cómo empezó el Universo?

Nadie sabe cómo empezó el Universo, pero sabemos que cambia. Los millones de galaxias del Universo parecen separarse a gran velocidad, como si el Universo se expandiera, o creciera. Por eso, muchos científicos piensan que hubo un tiempo en que todos los componentes del Universo estaban juntos, y hubo una gran explosión que los separó. Los científicos llaman a esta explosión el Big Bang.

 ¿LO SABÍAS?

Los quásares son los objetos más lejanos del Universo que conocemos. Son galaxias inmensamente brillantes muy alejadas de nosotros. El quásar más lejano que conocemos se aleja a una velocidad cercana a la de la luz: ¡alrededor de 280000 km por segundo! Está a por lo menos 6 mil millones de años luz de nosotros, lo que significa que la luz que alcanza ahora la Tierra desde este quásar empezó su viaje hacia nosotros ¡antes de que el sistema solar existiera!

 UN GLOBO UNIVERSO

1 Pinta formas de galaxias muy juntas en un gran globo.

2 Deja que la pintura se seque, después infla el globo para ver cómo se separan las galaxias a medida que el Universo se expande.

2 Alrededor de mil millones de años después del Big Bang se formaron las primeras estrellas dentro de las nacientes galaxias.

1 Puede que el Universo haya empezado hace 10-20 mil millones de años con una gran explosión que se llama Big Bang.

3 El Universo se expande todavía, puesto que las galaxias se alejan velozmente. El Universo no tiene límite: siempre hay más espacio por delante.

HECHOS SOBRE SATURNO

- A 1400 millones de kilómetros del Sol
- 120000 kilómetros de diámetro
- 18 lunas
- Atmósfera: gases de hidrógeno y helio
- Un día dura 10,8 horas terrestres

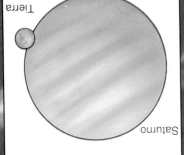

Tierra

Saturno

Vivimos en un planeta pequeñito próximo a una estrella mediana (el Sol) en una de las millones de galaxias.

¿Puede acabarse alguna vez el Universo?

Hasta que no sepamos mejor cómo empezó el Universo, sólo podemos hacer suposiciones sobre su final. Si empezó con el Big Bang, la fuerza de la explosión puede que haya sido lo suficientemente fuerte como para hacer volar las galaxias para siempre. Así que el Universo podría no acabarse nunca. No obstante, algunos científicos creen que las galaxias podrían invertir su movimiento y volver a acercarse. En su momento se estrellarían entre ellas y el Universo acabaría en un Gran Choque.

HECHOS DE URANO

- A 2900 millones de kilómetros del Sol
- 51000 kilómetros de diámetro
- 15 lunas
- Atmósfera: gases de hidrógeno, helio y metano
- Un día dura alrededor de 17 horas terrestres

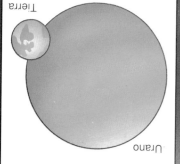

Urano

Tierra

1 Dentro de miles de millones de años puede que el vuelo de las galaxias por el espacio se haga más lento.

2 Las galaxias dejarían de expandirse e invertirían su movimiento. El Universo empezaría a contraerse.

3 Toda la materia que forma el Universo podría aplastarse en un Gran choque.

Palabras útiles

Año-luz La distancia recorrida por la luz en un año. Es de unos 9,55 billones de kilómetros. Las distancias en el espacio se miden en años-luz.

Asteroide Hay miles de estos mini-planetas en órbita alrededor del Sol. Incluso el mayor es mucho más pequeño que la Luna.

Astrónomo Persona que se dedica al estudio de las estrellas.

Atmósfera La capa de gases que hay alrededor de un planeta. La atmósfera de la Tierra está formada principalmente por los gases nitrógeno y oxígeno. Marte y Venus tienen principalmente dióxido de carbono.

Cometa Una gran nube de gas y polvo que gira alrededor del Sol.

Constelación Grupo de estrellas brillantes que forman un dibujo en el cielo.

Corona Es la capa más externa del Sol. Se parece a un tenue halo que se extiende millones de kilómetros en el Espacio.

Cosmonauta Es el término ruso para el viajero del espacio.

Eje Una línea imaginaria en el centro del planeta. El planeta gira sobre su eje.

Galaxia Un enorme grupo de estrellas. Aun una galaxia pequeña puede contener muchos millones de estrellas. Hay millones de galaxias en el Universo.

Gravedad Todo objeto en el Universo está sujeto por una fuerza de atracción. La gravedad de la Tierra mantiene nuestros pies sujetos al suelo y evita que flotemos en el aire, por ejemplo, mientras que la gravedad mucho más fuerte del Sol atrae a la Tierra y evita que ésta salga volando por el espacio.

Núcleo El centro de un planeta o una estrella.

Órbita Es la trayectoria curva de algo que gira alrededor de una estrella o planeta. Cada planeta, incluida la Tierra, tiene su propia órbita alrededor del Sol.

Satélite Lo que gira alrededor de un planeta. Las lunas son satélites naturales. Una nave espacial que gira alrededor de un planeta es un satélite artificial, hecho por el hombre.

El cohete gigante Saturno V fue el vehículo lanzador del programa Apolo estadounidense.

Sistema solar El Sol, los nueve planetas con sus 50 lunas, más o menos, y los miles de cuerpos menores que también giran alrededor del Sol.

Universo La totalidad del espacio y todo lo que encierra.

Índice